U0220529

最大限度
发挥文具的作用

3

哇！文具真的超有趣

粘贴
工具

胶带　黏合剂　胶水　登场文具

日本 WILL 儿童智育研究所 • 编著

王宇佳 • 译

浙江教育出版社 · 杭州

前言

　　本系列从大家平时在学校里经常使用的文具中挑选了 4 种，并分别对其进行了详细解说。我们希望大家可以了解如何根据自己的需求挑选文具，同时学会各种文具的正确握持方法，更灵活地使用文具。

　　在第三册《粘贴工具》中，我们会先介绍胶水，这应该是除铅笔之外大家最早接触的文具吧。胶水是一种使用起来令人兴奋、很有趣的工具，它能让平面的纸张变立体，还能将几个东西粘在一起，最后组合成一个新东西。接下来介绍的是黏合剂，它的黏性非常强，可以用来制造手机和高楼，甚至还能用来制造飞机。可以说，黏合剂是现代制造业不可或缺的材料。

　　创造始于制作新东西的想法。只要好好运用粘贴类工具，大家一定能制作出一些对自己有用的东西。

目　录

你知道吗？！
关于胶水的那些事

胶水是由什么制成的？

大家做手工时常用的淀粉胶水，是用从植物中提取的淀粉制成的。淀粉和水混合加热后会变得黏稠，而且干了以后会凝固。过去的淀粉胶水是用大米、小麦等的淀粉制成的，现在则主要用玉米淀粉（玉米磨成的粉末）或木薯淀粉（木薯磨成的粉末）制作。

〔淀粉胶水〕

由天然材料制成。即使不小心吃进嘴里也不会有什么危险，因此年纪小的孩子也可以放心使用。

〔容器〕

据说，储存淀粉胶水之所以会用这种管状容器，还是从牙膏那里得来的灵感。这种容器很软很薄，非常适合装质地柔软的淀粉胶水。

〔盖子〕

胶水盖密封性很好。这样胶水不会接触空气，所以不会轻易变硬，使用年限会更长。

在一张纸上涂胶水……

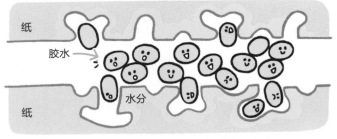

纸
胶水
水分
纸

淀粉进入纸张纤维的缝隙并凝固起来

将两张纸粘在一起

纸
胶水
纸

黏固效应（锚定效应）

进入纸张缝隙的淀粉，能起到像船锚一样的固定作用。

胶水为什么能粘东西？

在一张纸的表面涂上胶水，然后将另一张纸覆盖在上面。这时胶里的水分和淀粉会进入纸张的缝隙。当淀粉和纸张贴得很近时，它们之间就会产生一种互相吸引的力量。随着胶水变干，这种吸引力和淀粉之间的黏力也会变强，所以胶水凝固的时候，纸张就会粘在一起。

火柴棒胶水

4

胶有几种类型？

现在用来做手工的胶主要可以分为四大类。它们分别是质地黏稠的淀粉胶水、装在小瓶里的液体胶水、像唇膏一样扭出来用的固体胶以及最新登场的点点胶。下面就给大家介绍一下它们各自的特性和优缺点。

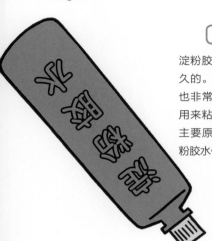

〔淀粉胶水〕

淀粉胶水是这四类胶中历史最悠久的。它不但价格便宜，延展性也非常好，适合大面积涂抹，能用来粘贴较厚的纸或布料。它的主要原料是淀粉。时至今日，淀粉胶水仍然是做手工常用的工具。

〔液体胶水〕

液体胶水在学校、公司和家庭得到广泛应用。它最大的特点是能涂得又薄又均匀，而且不会弄脏手。液体胶水干得比淀粉胶水快，黏性也更强一些。

〔固体胶〕

固体胶的尺寸和形状都很便携。它还有一个别称叫胶棒。固体胶所含的水分比胶水少很多，所以干得比较快，纸张也不容易起皱。推荐大家用它来贴照片或者做剪贴报。

大致分为四种

〔点点胶〕

点点胶的用法非常简单，它既不用像胶水一样要拧开盖子，也不用像固体胶一样要提前扭出来。我们只需把它在纸上轻轻划一下就可以了。而且点点胶不含水分，用的时候不会让纸张起皱，就是价格有点高。

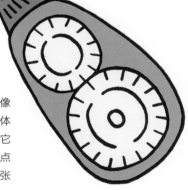

你知道吗？还有这样的故事

为什么会叫作"胶"？

日本自古以来就盛行种植水稻，日本人民将捣碎的米饭、粥、揉和后的面团等黏黏糊糊的可以用来粘东西的工具称为"粘粘"，慢慢地随时间演化，就变成了现在的"胶"。（"粘粘"和"胶"的日语读音相似。——编者注）

粘粘

胶

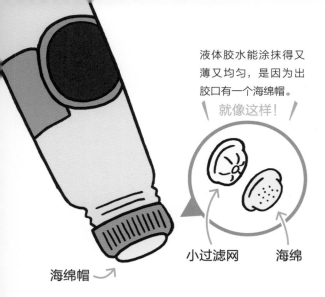

液体胶水能涂抹得又薄又均匀，是因为出胶口有一个海绵帽。

就像这样！

小过滤网　　海绵

海绵帽

为什么出胶口处的胶水不会凝固？

多亏了有盖子，出胶口处的胶水才不会凝固。胶水盖和出胶口之间严丝合缝，只要盖紧胶水盖，空气就无法进入，这样出胶口和里面的胶水都不会凝固。另外，出胶口还有用弹性塑料制成的小过滤网和包裹在外的海绵，设计这个小零件的目的是让使用者涂抹起来更方便。别看这个零件小，它可是经过人们多年努力才研发出来的。

胶的秘密

胶有什么厉害之处？

胶使用方便、价格低廉，是生活中常用的工具。淀粉胶水是用天然材料制成的，即使不小心误食也不会出什么问题。其他胶使用的大多不是天然材料，但首先考虑到的是小朋友的使用安全问题，于是也采取安全可食用的原材料制作。

比起速度，我更重视安全性。

不不着着急急

淀粉胶水

哇哇

在日本的民间故事《没舌头的小麻雀》中，小麻雀就吃掉了老奶奶制作的糨糊（过去的胶）！

用胶粘东西要花多长时间？

除了点点胶，其他胶都要等完全干了才能将东西粘起来。具体时间要看胶的种类、用量和纸张种类，但总体都跟胶的干燥时间差不多。既然完全干燥需要一段时间，那我们就可以趁湿润时把纸揭下来或者改变粘贴位置，这也算是胶的一个优点吧。

为什么胶干之后纸张会变皱？

粘贴比较薄的纸张时，胶干之后纸会起皱，这是因为纸张吸收了胶里的水分。纸中的纤维吸水后会膨胀，最后就变成了皱皱巴巴的样子。不过，胶本来就是利用水分变干来粘东西的（见 p.4），可见水分对胶来说有多么重要。粘贴厚纸和纸箱不会出现起皱的现象，粘贴薄纸时大家可以使用水分少的固体胶或点点胶来防止起皱。

〔天然柏油〕

〔漆树树液〕

〔动物胶〕

胶诞生的秘密

用天然柏油粘贴

柏油也叫沥青，如今它是一种主要用于铺路的材料，但实际上，天然沥青被认为是"黏合工具"的鼻祖。柏油其实是渗出地面的石油原油。很久以前，欧洲人在建房子或造船只时，会用柏油将木材或砖块粘到一起。大约4000年前，绳纹时代的日本也开始用柏油将尖锐的石器跟木棒粘贴到一起，来制作弓箭等狩猎工具。

从古至今，各种建筑物、家具和日常生活中使用的各种工具等，在制作时大部分都需要粘贴，人类的历史也是一部把东西粘在一起的历史。在像现在这样使用方便的胶水诞生之前，人们是用什么把东西粘在一起的呢？

〔淀粉胶水（糨糊）〕

不会变质的淀粉胶水诞生

用大米或小麦粉制成的淀粉胶水经常用来粘贴纸张，但它是用食物制成的，所以难免会变质。为了克服这个缺点，人们研制出一种加了防腐剂的淀粉胶水。在距今约 120 年前的明治时代，日本人就开始使用不会轻易变质、装在瓶子里且气味芳香的淀粉胶水了。

〔大米〕

开始用米制胶

种植稻米后，人们便开始用米充当粘贴工具。在日本，从距今 1300 年的奈良时代起，人们就开始广泛使用将熟米粒碾碎后制成的"糯米胶"。在大约 300 年前的江户时代，人们开始大量使用纸张，便将米粉溶于水制成所谓的"稀粥糨糊"，还有用小麦粉制成的胶，这些胶开始作为商品被称重出售。

用"动物胶"粘贴

动物胶是用哺乳动物或鱼的皮、骨头制成的，具体做法是将皮和骨头放到水里炖煮，煮出里面的胶原蛋白和明胶，再晒成干。将晒干的动物胶泡发后，它就会变成黏性很强的粘贴工具。距今 5000~6000 年前，中国和埃及率先使用这种粘贴工具。慢慢地，人们发现炖煮动物时的汤汁会凝固，于是世界各地的人们开始将其作为"胶"使用。

用"漆树树液"粘贴

有人发现从漆树中渗出的树液会自然凝固，于是就开始用它当粘贴工具。在日本，漆树树液的用法跟天然柏油差不多，人们会用它制作狩猎工具或粘贴破掉的陶器。京都金阁寺墙上闪闪发光的金箔，就是用漆树树液粘贴上去的。

胶水图鉴

现在市面上的胶有很多种。
而且为了让人们用起来更方便，还有越来越多设计有趣、经过优化的新产品登场。

用手涂抹

装在软管或瓶子里的淀粉胶水，可以用指尖蘸取，然后自由地涂抹在想粘贴的位置。为便于使用而设计的容器形状在很长一段时间内几乎没有任何改变，而且深受人们喜爱。

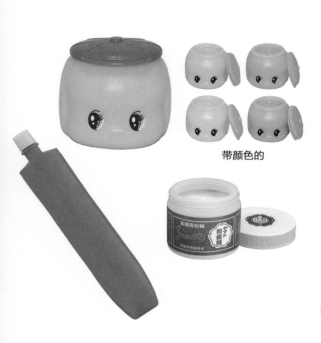

带颜色的

直接涂抹

液体胶水、固体胶和点点胶都可以直接将胶涂在想粘贴的位置。比起淀粉胶水，小学生似乎更常使用这类胶，因为上课时可以直接将打印的资料贴在本子上，而且不会弄脏手。

如果重新填充胶水，就可以重复使用容器，减少垃圾的产生。

液体胶水的出胶口

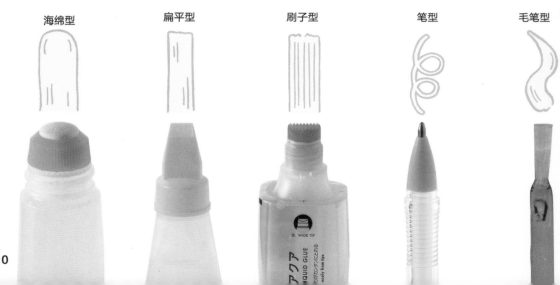

海绵型　　扁平型　　刷子型　　笔型　　毛笔型

不会起皱的胶

这类胶都经过了控制水分等特殊处理，粘贴时不会让纸张起皱。有液体和固体两种类型。

印章式点点胶

像印章一样、推动即可出胶的印章式点点胶。如果将它按在要粘贴的物品的四个角上，不但看起来整洁干净，而且能实现快速粘贴。

可揭的胶

粘上以后可以揭下来的胶。在纸的背面稍微涂一点，就可以把普通纸张当便利贴来使用。

按动式点点胶

省去了来回开盖子的麻烦，用起来很方便的按动式点点胶。

双头胶水

有粗细两个头。这样一瓶胶水就可以适用于多种情境了，很方便。

不断
进化的胶

与实物
等大

带香味的胶

带有果香或花香的胶。有了它，连粘东西都变成了一件愉快的事。

方形

干净服帖的胶水

虽然是液体胶水，却可以粘贴得干净又服帖。用它将打印资料贴在本子上，纸张不会起皱，而且在上面写字也很容易。

方形固体胶

胶体是方形的固体胶。用它连边边角角都能涂到。

颜色会消失的固体胶

这是一种彩色固体胶，涂过的地方能看得很清楚。没有涂痕，可以整齐地涂抹，而且变干后颜色就会消失。

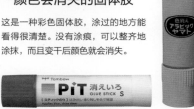

带闪粉的胶

这种胶的作用不是粘贴，而是做装饰。它里面混有闪粉，能让涂过的卡片和信件变得闪闪发亮。

30 秒后让你大吃一惊的 小·知识！

固体胶的灵感来自口红！

世界上第一支固体胶大约在 50 年前问世。这款固体胶诞生的契机是：德国汉高公司黏合部的一位研究员在坐飞机时，偶然看到一位女性在涂口红。他心想：将胶放到这种容器中，不但用的时候不会弄脏手，而且方便携带！于是他就发明了这种像口红一样的固体胶。

参观 制胶工厂

材料

从玉米中提取出来的玉米淀粉。做饭时用来增加菜品黏稠度的也是它。

过去的淀粉胶水是将大米蒸熟、碾碎后制成的，这种工艺一直持续到日本的江户时代。那现在的淀粉胶水用的是什么材料？又是如何制成的呢？想知道答案，就随我们一起到日本的不易糊工业（大阪府八尾市）的工厂看看吧。

大型搅拌机往外倾倒时，胶水会像瀑布一样流下来。

搅拌机倒出的胶水还不是最终成品。

原来胶水是在这么大的罐子里制成的啊！

倒入吊桶中

搅拌机倾斜，将里面的胶水倒入一个长方形的吊桶中。一般每次会倾倒250kg的量。

熟成

为了使胶水的成分稳定下来，要将其放置在大型的储存罐里2天左右。

装胶水的容器有很多种。今天用的是软管。

将胶水从储存罐转移到灌装的机器里。

灌装到容器里

胶水由圆形的机器喷出，灌装时要一管一管地来，每次只能灌一管。

混合材料

将 40℃ 的水和玉米淀粉一起倒入一个能容纳 2 吨水的罐子里，然后充分搅拌至完全溶化，制成混合液（胶的原型）。

> 罐子里的搅拌棒一直在搅拌。

※ 什么是酸碱性？

将某种物质溶于水后形成的液体叫作水溶液。水溶液分为酸性、碱性、中性三种。像醋一样的 PH 值小于 7 的叫酸性，与它性质相反的叫碱性，比如洗涤剂和氨水等。将酸性和碱性的东西混合到一起，它们的性质就会互相抵消，变成中性。

> 据说所有的原料都是可食用的。

转移到搅拌机里

用管子将混合液输送到专门的搅拌机里。

调整

为了将变成碱性的混合液调成中性，这一步要加入酸性水溶液※，而且还要加防止变质的防腐剂和香料等。

> 判断混合液的酸碱性不完全依靠机器，还要人工检测。

让混合液变黏稠

往搅拌机里加碱性水溶液※并充分搅拌。这样淀粉的混合液就会变黏稠。

> 原本稀薄的液体很快就变成像刚做的年糕一样黏稠。

出货

装箱

工人要一一检查传送带上的胶水，然后将它们装箱。

用胶达人

❶ 掌握有关胶的基本知识

根据使用目的选择合适的胶

粘贴纸张是所有胶都能做到的事，但如果能根据使用目的选择不同的胶，操作过程就会变得更简单，贴出来的效果也会更美观。如果要大面积涂抹，那最好选用淀粉胶水。粘贴画纸、折纸或厚纸时，则要用黏性强的液体胶水。而粘贴写书法用的宣纸，或者用报纸、杂志、照片做剪贴簿时，为了防止起皱，最好使用固体胶或点点胶。

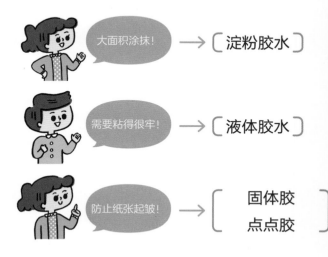

大面积涂抹！ → 〔淀粉胶水〕

需要粘得很牢！ → 〔液体胶水〕

防止纸张起皱！ → 〔固体胶 点点胶〕

涂抹的要点

要点 01　想好用哪根手指蘸取胶水

用手涂抹胶水时，为了尽量不弄脏周围的东西和便于操作，一般会选择惯用手的食指或中指蘸取胶水。涂抹时要用没有碰到胶水的手指按住纸张。

用食指或中指蘸取胶水

要点 02　不要一下涂太多

涂太多胶水会导致等待干燥的时间变长，这样纸张更容易错位，而且会产生更多的褶皱。另外，一定要涂抹均匀，不能有些地方涂得薄，有些地方涂得厚。

皱皱巴巴

纸张错位

胶水

要点 03　粘好后用手按压一下

用手指或手心按压一下，水分和胶水的成分能更快地进入纸张缝隙，纸张也更容易粘到一起。还可以用手反复抚平纸张，将里面的空气和多余的胶水挤出去。

干透之前要固定好

做手工时，如果在胶没干透的情况下就进行下一步操作，很可能导致粘子的部分脱落。碰到不好粘的部分，一定要好好固定，耐心等胶完全干透。固定时可以用晾衣夹、一次性筷子、回形针、纸胶带（能够反复粘贴）和绳子等辅助性工具。根据你正在制作的东西的形状来选择固定的方法。

〔 固定用的辅助工具 〕

用回形针固定

用绳子固定

用晾衣夹固定

用书压住

一次性纸杯

你知道吗？还有这种用法

用液体胶水制作超级弹力球

材料

盐水
（200ml 的水和 50g 食盐）

液体胶水 20g

一次性筷子

水性笔
（荧光笔等）

空瓶
（容量在 300ml 左右的广口瓶）

厨房用纸

抹布

制作方法

① 用水性笔给广口瓶内底部涂色。

② 将液体胶水倒入①的瓶中，用一次性筷子搅拌均匀，给胶水上色。

在室内放 2~3 天，就可以拿来玩啦！

※ 过段时间球会变干，也会慢慢失去弹性。

③ 将盐水倒入②的瓶中，用一次性筷子搅拌均匀，同时将析出的物质捞出。用筷子擦着瓶底搅拌，更容易捞出析出的物质。

④ 将筷子捞出的物质放在手上，用力挤出多余的水分。

⑤ 揉成像球一样的圆形。用厨房用纸或抹布吸取水分，然后继续挤压、揉圆。重复以上步骤，调整球的状态。

用胶达人

❷ 挑战闪闪发亮的粘贴画

要用不容
易起皱的
固体胶

掌握了胶水的基本使用方法后，就可以使用各种各样的材料，自由地创作自己的作品了。粘贴画是将剪碎的纸粘贴在底纸上制作的艺术。把喜欢的材料，如各种各样的纸、布、贴纸、珠子，或者树叶、铁丝、纸盒等，像画画一样贴在底纸上。

〔 需要的工具 〕

· 固体胶
· 木工专用胶（p.20）
· 剪刀
· 镊子（或牙签）

〔 材料 〕

· 底纸（明信片大小的厚纸）
· 有颜色和图案的纸 （传单、报纸、杂志内页、包装纸等）
· 彩纸
· 装饰物（美甲贴纸、小彩石、蝴蝶结等）
· 带闪粉或亮片的胶（闪粉胶等）

传单等　　彩纸

一张用粘贴画制作的生日贺卡

美甲贴纸※

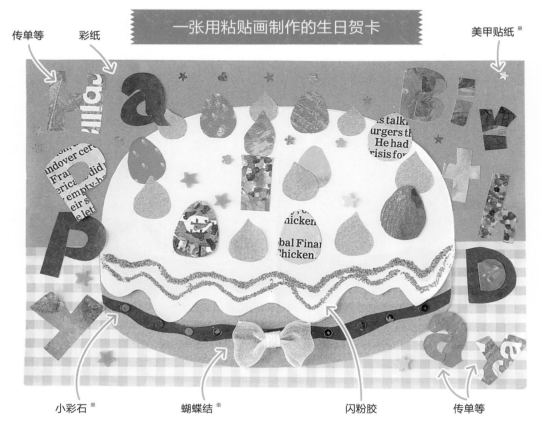

小彩石※　　　　　蝴蝶结※　　　　　闪粉胶　　　　传单等

标※的材料要用木工专用胶粘贴，其他都可以用固体胶粘贴。

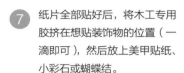

制作方法

1 在底纸下半部分贴上方格图案的彩纸。

窍门01 决定好贴的位置后，要用手按住，贴另外半边，然后再全部贴好。这样纸就不会错位了。

2 在上半部分放一张浅蓝色折纸，使其与❶的纸部分重叠。

3 用浅棕色和白色的纸分别剪出海绵蛋糕和奶油的形状，然后贴到底纸上。要先贴海绵蛋糕的部分。

海绵蛋糕和奶油的部分要剪成这样的形状

4 将剪成蜡烛、奶油和水果形状的彩纸摆放到贴好的蛋糕上，确定好要贴的位置。

窍门02 摆放时要遵循"近大远小"的原则，大的放在近处，小的放在远处，这样看起来更立体。

5 确定好位置后，就一一拿起，用手指涂上胶水，然后放回原来的位置。

窍门03 粘贴细小的纸片时，不要在底纸上涂胶，而要将纸片拿起来放在手指上涂。手指稍微粘点胶也没关系。

6 将"Happy Birthday"的英文字母摆在底纸上，确定好要贴的位置。按照窍门3的方法粘贴。

7 纸片全部贴好后，将木工专用胶挤在想贴装饰物的位置（一滴即可），然后放上美甲贴纸、小彩石或蝴蝶结。

窍门04 最好用小剪刀、镊子或牙签来放装饰物。放的时候可以在镊子或牙签上蘸少许的木工专用胶，这样在放置途中就不容易掉落了。

8 最后用闪粉胶在奶油上画两条闪闪发亮的线。

窍门05 闪粉胶不容易干，所以要在最后使用。完成后暂时不要触碰它，让整幅贺卡晾干。

用和纸制作毛茸茸的蛋糕贺卡

用和纸可以做出像右图一样毛茸茸的效果。粘贴和纸时要用和纸专用胶，或是用用水稀释过的液体胶水。具体做法是，用毛笔将胶涂满整张纸，然后依次放上撕成小片的各色和纸。贴完后，还要用毛笔在卡片表面涂一层胶水。

胶以外的 黏合剂

什么是黏合剂?

要使两件东西合为一体,可以用绳子、线、钉子等工具。而能将两件东西直接粘在一起的,叫作黏合剂。所以胶也算是黏合剂的一种。除了我们之前提到的4种胶,黏合剂还有很多种,比如各种白乳胶和瞬间黏合剂。淀粉胶水和动物胶都是用天然原料制成的胶,但大多数工业胶都是用化学物质合成的。

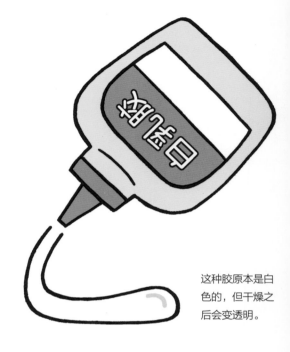

这种胶原本是白色的,但干燥之后会变透明。

黏合剂是怎样凝固的?

黏合剂都是靠凝固来粘东西的,但凝固的方式有很多种。木工专用胶和之前提到的4种胶是通过水分干燥来凝固的。那些需要配合熨斗使用的刺绣贴和贴纸背面的黏合剂,是受热熔化后冷却凝固的。瞬间黏合剂在跟物体表面或空气中的水分接触时会发生化学反应,达到瞬间凝固的效果。

邮票背面的黏合剂要沾湿后才会凝固。

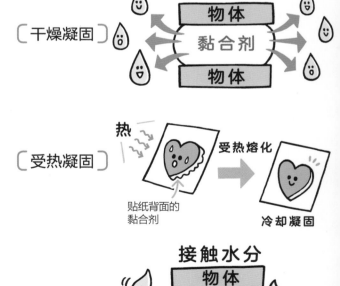

〔干燥凝固〕

水分蒸发

物体
黏合剂
物体

〔受热凝固〕

热

贴纸背面的黏合剂

受热熔化

冷却凝固

〔遇水凝固〕

接触水分

物体
黏合剂
物体

黏合剂可以粘什么东西？

黏合剂按照成分、用途、凝固方式等进行分类，可以分为几千种。只要选择与我们想要粘贴的材料类型相匹配的黏合剂即可，不仅是纸张和木材，就连金属、玻璃、塑料、树脂、泡沫板、皮革、橡胶、纸黏土等生活中常见的东西，几乎都可以用黏合剂黏合。而且不只是普通尺寸的东西，就连飞机、火箭、桥梁和道路这样超大规格的东西，还有手机配件等微型零件，都会用到黏合剂，它的身影出现在全世界各种各样的场合中。

使用黏合剂的各种物品

还有什么地方会用到黏合剂呢？

镜子　墙壁　相框　玩具　灯罩　架子　时钟　书　PM3:00　铅笔盒　双肩包　信封　笔记本　铅笔　桌子的板材　抽屉

黏合剂达人

❶ 不同情境下，分别要用哪种黏合剂？

想用木材做手工

可以黏合得很好的材质
·纸　·布　·木材

木工专用胶

这是一款可以将木材、软木、纸张和布料黏合到一起的黏合剂。它能溶于水，在需要大面积涂抹时，可以先用水稀释，再倒到物体表面上。这种胶完全黏合大约需要半天时间，东西粘好之前千万不要随意挪动。

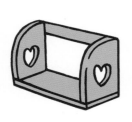

想把摔坏的东西粘起来

可以黏合得很好的材质	
·金属	·塑料
·陶瓷	·木材
·橡胶	·石头

瞬间黏合剂

瞬间黏合剂在短时间内用很少的量就能使金属、陶瓷、木头和石头等材料牢牢地粘在一起。用量太大反而不容易黏合，所以要少挤一些。但请注意，用它黏合含有苯乙烯（泡沫板）或丙烯酸（亚克力）的材质时，涂抹黏合剂的地方可能会出现裂纹或直接熔解。

想将各种材质的东西黏合到一起

可以黏合得很好的材质	
·纸	·布　·木材
·皮革	·橡胶
·树脂	·金属
·塑料	·玻璃

多用途黏合剂

如果你不想纠结用哪种黏合剂来配合材料，就使用适用于大部分物品的多用途黏合剂吧。因为它可以将我们身边的大部分物品粘在一起，比如包装纸、塑料瓶、空的易拉罐等，所以非常适合用来回收利用废旧物品。

易拉罐

纽扣

一次性筷子

塑料瓶

牛奶盒

弹簧

还有什么黏合剂?

〔发泡聚苯乙烯专用黏合剂〕

普通的黏合剂不适用于发泡聚苯乙烯这种材质,将发泡聚苯乙烯和纸、木头、布料、照片等材质黏合到一起是很困难的。

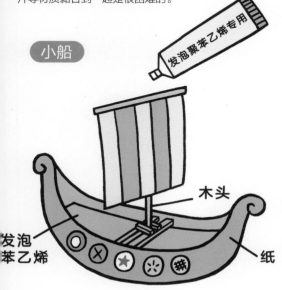

小船

发泡聚苯乙烯专用

木头

发泡苯乙烯

纸

〔塑料瓶专用黏合剂〕

这款黏合剂除了能黏合塑料瓶外,还能将塑料瓶与牛奶盒、发泡聚苯乙烯、木头、纸、橡胶等材质黏合到一起。

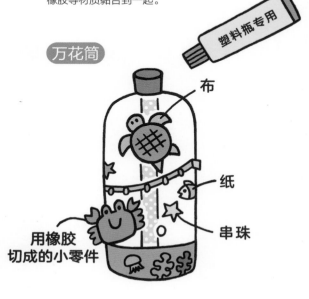

塑料瓶专用

万花筒

布

纸

串珠

用橡胶切成的小零件

〔布料专用黏合剂〕

这款布料专用黏合剂能将布料黏合得非常牢固,用它黏合的布料怎么使劲儿拉扯也不易脱落。有了这款黏合剂,即使不用针线缝纫,也能制作衣物和配饰。还能用它来修补衣服的破损处。

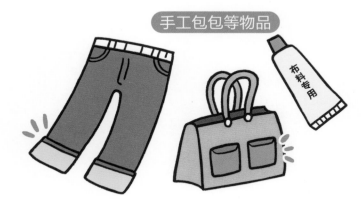

手工包包等物品

布料专用

你知道吗? 这些小知识

胶和颜料合二为一了?!

现在有一款产品叫"胶与颜料合二为一的不可思议的颜料",可以用它在玻璃窗、玻璃容器、镜子等光滑的平面上作画,再轻松剥离做成贴纸。有了它,我们就可以画自己喜欢的图案贴到玻璃上,就像彩色玻璃一样,光从外面照射进来会很美。

画好后充分晾干……

像教堂的彩色玻璃一样

黏合剂达人

❷ 试着来黏合一下吧！

不要用手直接擦拭哦。

先擦去表面的脏东西

如果物体表面有灰尘、木屑、铁锈、油脂等脏东西，黏合效果就会大打折扣。使用任何黏合剂都要注意这个问题。所以黏合前一定要将表面的脏东西擦去。

将表面擦干净

如何使用这种黏合剂?

白乳胶

木工专用胶

要点 **01** 单面涂抹即可

将木工专用胶直接挤到要黏合的一个面上，另一面不要涂抹。并不是胶用得越多黏合得就越牢固，所以使用时一定要注意用量，不能太多也不能太少。

要点 **02** 均匀地涂抹在表面

如果是用在纸张和布料上，或是需要大面积涂抹，最好使用刮刀或刷子。涂抹时连边边角角都要涂抹均匀。

要点 **03** 胶凝固前不要随意挪动

胶完全凝固之前要好好固定，千万不能随意挪动或移位（见 p.15）。从边缘溢出的多余的胶，要用湿抹布等擦干净。

如何使用这种黏合剂？

瞬间黏合剂

要点 01
直接一滴一滴挤上去

请大家参照右图，使用时直接从黏合剂的出胶口挤出黏合剂，挤到要黏合的物体的表面，一滴一滴地挤出来。千万不要用手指涂抹。一枚硬币大小的面积用一滴的量刚刚好。

硬币大小的面积
用一滴就可以了

要点 02
不用涂抹，将要粘的东西贴合在一起

挤好黏合剂后不用涂抹开，直接将要粘的东西放上，然后用手按压几秒到几分钟。要注意溢出来的黏合剂有可能会粘在手指上，不要碰到了。

要点 03
黏合小东西时要在桌子上操作

如果要黏合像铁丝这类比较细的东西，或是尺寸较小的物品，最好把它们放在桌子上或垫板上操作，并用手按压，效果会很好。

要点 04
没用完的黏合剂要放入冰箱冷藏

如果黏合剂一次没用完，要拧紧盖子放入冰箱冷藏，这样保存的时间会更长。不过，低温下黏合剂的黏性会降低，所以使用之前要先让它恢复到室温。

不要用在布料或需要入口的东西上哦。

一定要拧紧盖子

在冰箱里，不要接触到食物

30秒后让你大吃一惊的小·知识！

不小心粘到手上怎么办

如果瞬间黏合剂将手指粘到一起，千万不要用蛮力分开，可以将手指放入跟洗澡水温度差不多的热水里，然后慢慢地揉搓手指，让它们一点一点分开。还可以用专门的除胶液或洗甲水将黏合剂洗去。如果有黏合剂残留在手指上，也不用强行将它剥下来，等2~3天皮肤新陈代谢（长新皮）后就会自然脱落了。

植物系
透明胶带

彩色透
明胶带

双面胶

聚氯乙烯
绝缘胶带

和纸胶带

黏合胶带
的世界

像植物系透明胶带、聚氯乙烯绝缘胶带、包装用牛皮纸胶带这类粘在纸或布上的带有黏合剂的胶带，就是所谓的"黏合胶带"。前面提到的黏合剂原本是液体（或带有水分）的，干透后才能黏合物品。而黏合胶带则无须等待干燥即可将物品黏合在一起，并且它粘贴的区域会一直处于湿润的状态。所以胶带可以快速粘贴，也可以快速剥离。

植物系
透明胶带

在做手工、修补破损的书本或笔记本以及包装东西的时候，使用植物系透明胶带非常方便，完全不会挡住下面的文字和图案。它的厚度约为 0.05mm（1mm 的 1/20），其中有 4 层互相重叠在一起，这种结构正是它好用的秘密所在。植物系透明胶带是由木片等天然材料制成的，所以对环境是无害的。

它们有多种
尺寸和颜色。

牛皮纸胶带

彩色布基胶带

植物系透明胶带有 4 层

第 1 层 **剥离剂**
干爽的面，排斥黏合剂。

第 2 层 **玻璃纸**
由熔解后的木屑制成。

第 3 层 **下涂剂**
将玻璃纸和黏合剂连接到一起。

第 4 层 **黏合剂**
由天然橡胶（橡胶树树液凝固而成）
或树脂（从松树等中提取）制成。

黏合胶带图鉴

牛皮纸胶带的日文名来源于德语，意思是"强韧的"。

牛皮纸胶带 / 布胶带

这类胶带也叫"包装胶带"，一般是用来给纸箱封箱的。它们的材质有所不同，纸质的是"牛皮纸胶带"，布的是"布胶带"。还有一款名叫"湿水牛皮纸胶带"的产品，沾湿后具有黏性，和牛皮纸胶带是不同类型的胶带。和现在一样，以前湿水牛皮纸胶带也经常被用来封纸箱。

如果纸箱中的东西很重，可以选择更加结实的布胶带来封箱。

牛皮纸胶带　　　　布胶带

和纸胶带

和纸胶带简称"纸胶带"，是一款很受欢迎的胶带。它原本是刷油漆的辅助工具，一般贴在不想被油漆刷到的地方，刷完后会直接揭下来扔掉。后来设计师们给它设计出很多图案。我们不但可以用它装饰身边的小物件，甚至还可以贴在家具和墙壁上，改变整个房间的风格。

便利贴

除了用来写备忘录之外，我们还可以在各种学习情境中使用便利贴，比如可以将查到的新词和习题集里没有解开的问题记下来。不过令人意想不到的是，这么好用的文具，竟然是从黏合剂的失败品中诞生的。

辞典

与黏合剂一样，人们根据粘贴的物品和使用目的已经研发
出了各种类型的胶带。它有很多用途，使用起来也越来越
方便了，而且还在不断优化中。

标签贴 / 贴纸

标签贴 / 贴纸在很多地方都能发挥作用，比如可以作为自己所有物的标记，可以作为名称贴纸贴在不能直接写字的地方，可以作为贴在抽屉或笔记本封面上的标签贴以及手账上的索引贴等，还可以直接贴在信纸或日历上做装饰。

还有像黏土一样揉搓后粘贴的类型。

无痕贴 / 无痕图钉

想要贴海报或照片，但是不想在墙上留下图钉扎过的孔，粗糙的墙壁又无法使用胶带，这时就可以选用无痕贴或无痕图钉。它们还可以用来固定我们不想用黏合剂完全粘住的东西。

无痕图钉

原来如此！·小·知识

这些竟然都属于黏合胶带

除了文具以外，黏合胶带还被应用于很多领域。典型例子是创可贴和绑伤口用的胶带。还有婴儿纸尿裤上粘贴的地方、打理衣物和地毯的粘毛滚筒、带背胶的暖宝宝、粘蟑螂的粘板，这些都属于黏合胶带。

胶带达人

制作立体手工

> ### 用胶带做立体造型

包装胶带中的布胶带能很好地粘在纸上和布上，它虽然很结实，却可以直接用手撕开，非常方便。不仅如此，将它和报纸结合起来，就能做出各种各样的立体造型。大家可以用原色胶带做出复古又逼真的作品，也可以用彩色胶带做出有趣又五彩缤纷的作品。

用包装胶带和报纸制作立体的运动鞋

需要的材料
· 报纸
· 包装胶带（布胶带）

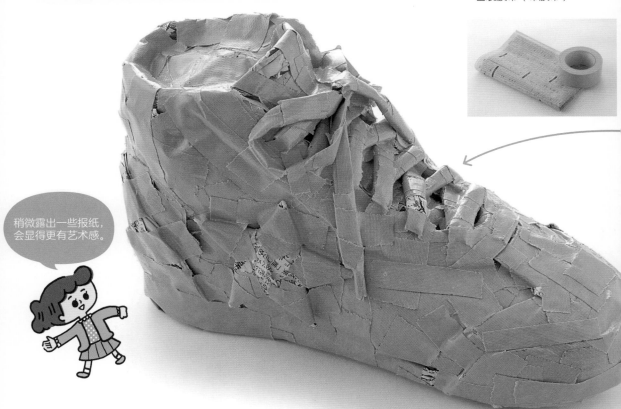

> 稍微露出一些报纸，会显得更有艺术感。

© 关口光太郎

要点 01 将揉成团的报纸粘起来制作基础造型

将揉成团的报纸（2~3个）粘到一起，制作基础造型。缠胶带时要横向、竖向、斜向都缠一些。制作 26cm 的运动鞋大约需要 5 张报纸。

1 决定要做什么东西
在脑袋中想象一下想做的东西，也可以准备一些照片或图画当参考。

2 用报纸团做出基础造型
把报纸揉成一团，或是一圈一圈地卷起来，做成作为基础的大块形状。

3 调整形状
用布胶带固定报纸，同时调整形状。

刺啦······

胶带还可以竖着撕开。

4 加上小零件
将报纸和布胶带撕成小块，制作一些小零件，然后贴到基础造型上。

5 最后的工序
最后再缠一些胶带，整理一下形状。如果想做彩色的，可以缠上一层彩色胶带。

胶带要缠得紧一些，千万不能松松散散的。

要点 02 制作细长的鞋带

将撕成小块的报纸搓成小条，然后缠上胶带。把这些小条连接起来调整长度，做成运动鞋的鞋带。

让我们用彩色胶带把手工品做成喜欢的颜色

做好基础造型后，可以用彩色胶带来"上色"，做出更有趣的作品。布胶带有十几种颜色，大家可以用喜欢的颜色来发挥自己的创意，自由地做出各种造型，比如动物、甜点等。

要点 03 做出尖角 组成五角星

将边长为 10cm 的报纸卷成三角形，然后缠上胶带把角弄尖。把做好的 5 个尖角组合起来，做成一个五角星。

如果没有粘贴工具 的话

如果你想粘贴纸张，或是把纸贴到墙上。但手边没有粘贴工具，那该怎么办?

把汉字表或地图贴在墙上，泡澡时也可以学习了。

上下左右
日月山水

用水粘贴

将纸或手帕蘸上水 ※，就能粘在浴室墙壁、镜子、玻璃窗上。虽然水干后物品会自然脱落，但还可以用这种方法将物品重新粘上。墙面越平整，粘的效果越好，而且揭下的时候也不会留痕迹。

※ 不能蘸太多水，否则纸会破掉。

用保鲜膜粘贴

将餐巾纸等含有薄薄花纹的纸或布跟复印纸叠放在一起，中间夹一层保鲜膜，然后熨烫，两层纸就会黏合在一起，从而形成一张漂亮的花纹纸。破损的纸也可以用这种方法来轻松修复。

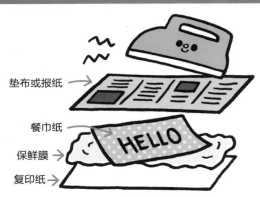

垫布或报纸 →
餐巾纸 →
保鲜膜 →
复印纸 →

一般餐巾纸都有好几层，要揭下最上面一层来用。

剪掉多余的部分，可以用来当贺卡或包装纸。

用蜡粘贴

如果没有粘信封的胶，可以用蜡烛滴下的蜡来粘。滴好蜡再用印章或纽扣盖上花纹，会更加时尚。

先用冷却剂让印章和纽扣变凉，然后再盖到蜡上，这样盖出的图案更清晰、漂亮。

在封口处滴上蜡液，等表面形成一层薄膜时，在蜡变硬之前将印章或纽扣盖在上面，停留 30 秒后轻轻揭开。

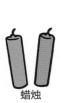

啪嗒啪嗒

蜡烛

※ 用火时一定要让大人陪同。

一起来制作胶水吧

〔用塑料袋制作〕 只要有一点剩饭，就能轻松搞定。

① 将 1 大勺米饭放入塑料袋中。

米饭

15g

滚动 滚动

② 用擀面杖等工具将米粒碾碎。用手压扁也可以。

揉搓 揉搓

完成！

③ 将 1 大勺水分批少量地加入袋中，不断用手揉搓。变成黏稠的状态时，淀粉胶水就做好了。

〔用锅制作〕 小麦粉和玉米淀粉也能用来制作胶水。

冷水

淀粉

1/2 杯

1/2 杯

① 将 1/2 杯淀粉和 1/2 杯冷水倒入碗中，搅拌均匀。

咕嘟 咕嘟

加热 2 分钟左右就会变黏稠。

② 将混合好的液体倒入锅中，开小火加热。用木铲或打蛋器不断搅拌。

黏稠

完成！

③ 等水分蒸发，整体变成黏稠的状态，胶水就做好了。

没用完的要放入冰箱冷藏

④ 等它完全冷却，就可以使用了，最好在一天之内用完（用不完的放入冰箱冷藏，可以保存 2~3 天）。

加一些着色剂，就可以做成彩色胶水了。

装帧　chocolate.（鸟住美和子）
插图　松村晓宏
摄影　chocolate. 向村春树（p.12～13）
　　　Eri TANABE(p.16～17，p.28～29)
编辑　WILL（秋田叶子）　桥本明美

采访协助
YAMATO Co., Ltd.
Fuekinori Kogyo Co., Ltd.
Konishi Co., Ltd.
NICHIBAN CO., LTD.
渡边顺子 (p.16～17)
关口光太郎 (p.28～29)

画像和资料提供
CRUX CORPORATION.
KOKUYO Co., Ltd.
TOMBOW PENCIL CO., LTD.
PLUS Corporation.

BUNBOGU WO TSUKAIKONASU <3> KUTTSUKERU DOGU
Edited By: Froebel-kan
Copyright © Froebel-kan 2019
First Published in Japan in 2019 by Froebel-kan Co., Ltd
Simplified Chinese language rights arranged with
Froebel-kan Co.,Ltd., Tokyo, through Bardon-Chinese
Media Agency
Simplified Chinese Translation © 2022 United Sky (Beijing) New Media
Co., Ltd.
All rights reserved.

未小读
UnRead Kids
和世界一起长大

未读CLUB
会员服务平台

本书若有质量问题，请与本公司图书销售中心联系调换，电话：(010) 52435752。

未经许可，不得以任何方式
复制或抄袭本书部分或全部内容
版权所有，侵权必究